Triunfar

Eureka Math®
Kindergarten
Módulo 3

EDICIÓN PARA TEKS

Great Minds® is the creator of *Eureka Math*®, *Wit & Wisdom*®, *Alexandria Plan*™, and *PhD Science*®.

Published by Great Minds PBC
greatminds.org

Printed in the USA

1 2 3 4 5 6 7 8 9 10 CCR 25 24 23 22
ISBN 978-1-64929-730-3

Aprender ◆ Practicar ◆ Triunfar

Los materiales del estudiante de *Eureka Math*® para *Una historia de unidades*® (K–5) están divididos en los tres libros *Aprender, Practicar* y *Triunfar*. Esta serie apoya la diferenciación y la recuperación y, al mismo tiempo, permite la accesibilidad y la organización de los materiales del estudiante. Los educadores descubrirán que la serie de libros *Aprender, Practicar* y *Triunfar* también ofrece recursos coherentes con la Respuesta a la intervención (RTI, por sus siglas en inglés), las prácticas complementarias y el aprendizaje durante el verano que, por ende, son de mayor efectividad.

Aprender

Aprender, de *Eureka Math,* constituye un material complementario durante la clase para los estudiantes, a través del cual pueden mostrar su razonamiento, compartir lo que saben y observar cómo adquieren conocimientos día a día. *Aprender* reúne el trabajo en clase —la **Puesta en práctica**, los **Boletos de salida**, los **Grupos de problemas**, las plantillas— en un volumen de fácil consulta y al alcance del usuario.

Practicar

Cada lección de *Eureka Math* comienza con una serie de actividades de fluidez que promueven la energía y el entusiasmo, incluyendo aquellas que se encuentran en *Practicar*, de *Eureka Math*. Los estudiantes que ya tienen fluidez en las operaciones matemáticas pueden dominar más material, y con mayor profundidad. En *Practicar,* los estudiantes adquieren competencia en las nuevas capacidades adquiridas y refuerzan el conocimiento previo a modo de preparación para la próxima lección.

En conjunto, *Aprender* y *Practicar* ofrecen todo el material impreso que los estudiantes utilizarán para su formación básica en matemáticas.

Triunfar

Triunfar, de *Eureka Math,* permite a los estudiantes trabajar individualmente para adquirir el dominio de las destrezas. Estos grupos de problemas complementarios están alineados con la enseñanza en clase, lección por lección, lo que hace que sean una herramienta ideal como tarea o práctica complementaria. Con cada grupo de problemas se ofrece una **Ayuda para la tarea**, que consiste en un conjunto de problemas resueltos que muestran, a modo de ejemplo, cómo resolver problemas similares.

Los maestros y los tutores pueden recurrir a los libros de *Triunfar* de grados anteriores como instrumentos acordes con el currículo para solventar las deficiencias en conocimientos básicos. Los estudiantes avanzarán y progresarán con mayor rapidez gracias a la conexión entre los modelos ya conocidos y el contenido del grado escolar actual de los estudiantes.

Estudiantes, familias y educadores:

Gracias por formar parte de la comunidad de *Eureka Math*®, donde celebramos la dicha, el asombro y la emoción que producen las matemáticas.

Nada es mejor que la satisfacción del éxito; cuanto más competentes se vuelven los estudiantes, mayor es su entusiasmo y participación. El libro *Triunfar*, de *Eureka Math,* proporciona la guía y la práctica adicional que los estudiantes necesitan para reforzar los conocimientos fundamentales y adquirir el dominio del nuevo material.

¿Qué hay dentro del libro Triunfar?

El libro *Triunfar,* de *Eureka Math,* proporciona un conjunto de prácticas con apoyo que funcionan en paralelo con las lecciones de *Una historia de unidades*®. Cada lección de *Triunfar* comienza con un conjunto de ejemplos prácticos, denominados **Ayuda para la tarea**, que ilustran la representación y el razonamiento que se usa para desarrollar la comprensión dentro del currículo. Luego, los estudiantes reciben una práctica con soportes mediante una serie de problemas cuidadosamente secuenciados que parten de un lugar de confianza y aumentan la complejidad de forma progresiva.

¿Cómo se debe usar el libro Triunfar?

La colección de libros *Triunfar* puede usarse como enseñanza diferenciada, práctica, tarea o intervención. Cuando se combina con *Affirm*®, sistema de evaluación digital de *Eureka Math*, las lecciones de *Triunfar* permiten a los maestros brindar una práctica focalizada y evaluar el progreso de los estudiantes. El perfecto alineamiento de *Triunfar* con los modelos y el lenguaje matemáticos que se usan en *Una historia de unidades* garantiza que los estudiantes perciban las conexiones y la relevancia para la instrucción diaria, ya sea que estén adquiriendo destrezas fundamentales o haciendo una práctica adicional sobre el tema actual.

¿Dónde puedo obtener más información sobre los recursos de Eureka Math?

El equipo de Great Minds® ha asumido el compromiso de apoyar a estudiantes, familias y educadores a través de una biblioteca de recursos, en constante expansión, que se encuentra disponible en gm.greatminds.org/math-for-texas. El sitio web también contiene historias exitosas e inspiradoras de la comunidad de *Eureka Math*. Compartan sus ideas y logros con otros usuarios y conviértanse en Campeones de *Eureka Math*.

¡Les deseo un año colmado de momentos Eureka!

Jill Diniz

Directora de matemáticas

Great Minds

Contenido

Módulo 3: Comparación de longitud, peso, capacidad y números hasta el 10

Tema F: Comparación de conjuntos hasta el 10

Tema G: Comparación de numerales

© Great Minds PBC
Edición para TEKS | greatminds.org/Texas

Dibuja 2 árboles más que sean más bajos que estos árboles.

Cuenta cuántos árboles tienes ahora.

Escribe el número en la casilla.

En la parte de atrás de la hoja, dibuja algo que sea más bajo que un refrigerador.

Mi gato está parado junto al refrigerador. ¡El refrigerador es tan alto! El gato es mucho más bajo que el refrigerador.

Lección 1: Comparar longitudes usando *más alto que* y *más bajo que* con los extremos alineados y no alineados.

K • 1

© Great Minds PBC
Edición para TEKS | greatminds.org/Texas

Nombre _____   Fecha _____

Dibuja 3 flores más que sean más bajas que estas flores.

Cuenta cuántas flores tienes ahora. Escribe el número en la casilla.

Dibuja 2 mariquitas más que sean más altas que estas mariquitas.

Cuenta cuántas mariquitas tienes ahora. Escribe el número en la casilla.

En la parte de atrás de la hoja, dibuja algo que sea más alto que tú. Dibuja algo que sea más bajo que el asta de una bandera.

Lección 1:   Comparar longitudes usando *más alto que* y *más bajo que* con los extremos alineados y no alineados.

3

Con el trozo de hilo de un pie que usamos en clase, busca en tu casa tres objetos que sean más cortos que el trozo de hilo y tres objetós que sean más largos que el trozo de hilo. Dibuja esos objetos en la tabla. Trata de encontrar por lo menos un objeto que tenga aproximadamente la misma lóngitud que el hilo y haz un dibujo del objeto en la parte de atrás de la hoja.

Más cortos que el hilo	Más largos que el hilo
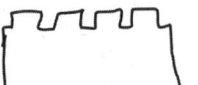  	 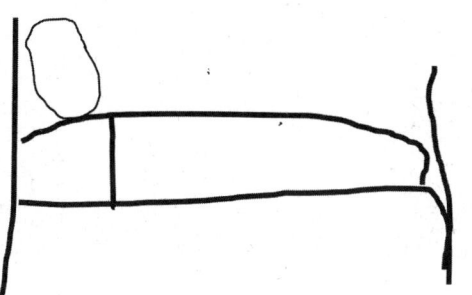 

El bloque, el camión y el vasito para bebés de Sam son todos más cortos que el hilo.

Comparo el hilo con los objetos que hay en mi dormitorio. ¡La cama, la alfombra y la cuerda de saltar son más largas que el hilo!

Lección 2:   Comparar las medidas de longitud con un hilo.

5

EUREKA MATH®
EDICIÓN PARA TEKS

© Great Minds PBC
Edición para TEKS | greatminds.org/Texas

Nombre _____   Fecha _____

Con el trozo de hilo que usamos en clase, busca en tu casa tres objetos que sean más cortos que el trozo de hilo y tres objetos que sean más largos que el trozo de hilo. Dibuja esos objetos en la tabla. Trata de encontrar por lo menos un objeto que tenga aproximadamente la misma longitud que el hilo y haz un dibujo del objeto en la parte de atrás de la hoja.

Más cortos que el hilo	Más largos que el hilo

EUREKA MATH
EDICIÓN PARA TEKS

© Great Minds PBC
Edición para TEKS | greatminds.org/Texas

Toma un crayón nuevo. Encierra en un círculo los objetos que son más cortos que el crayón. Coloca una X en los objetos que son más largos que el crayón.

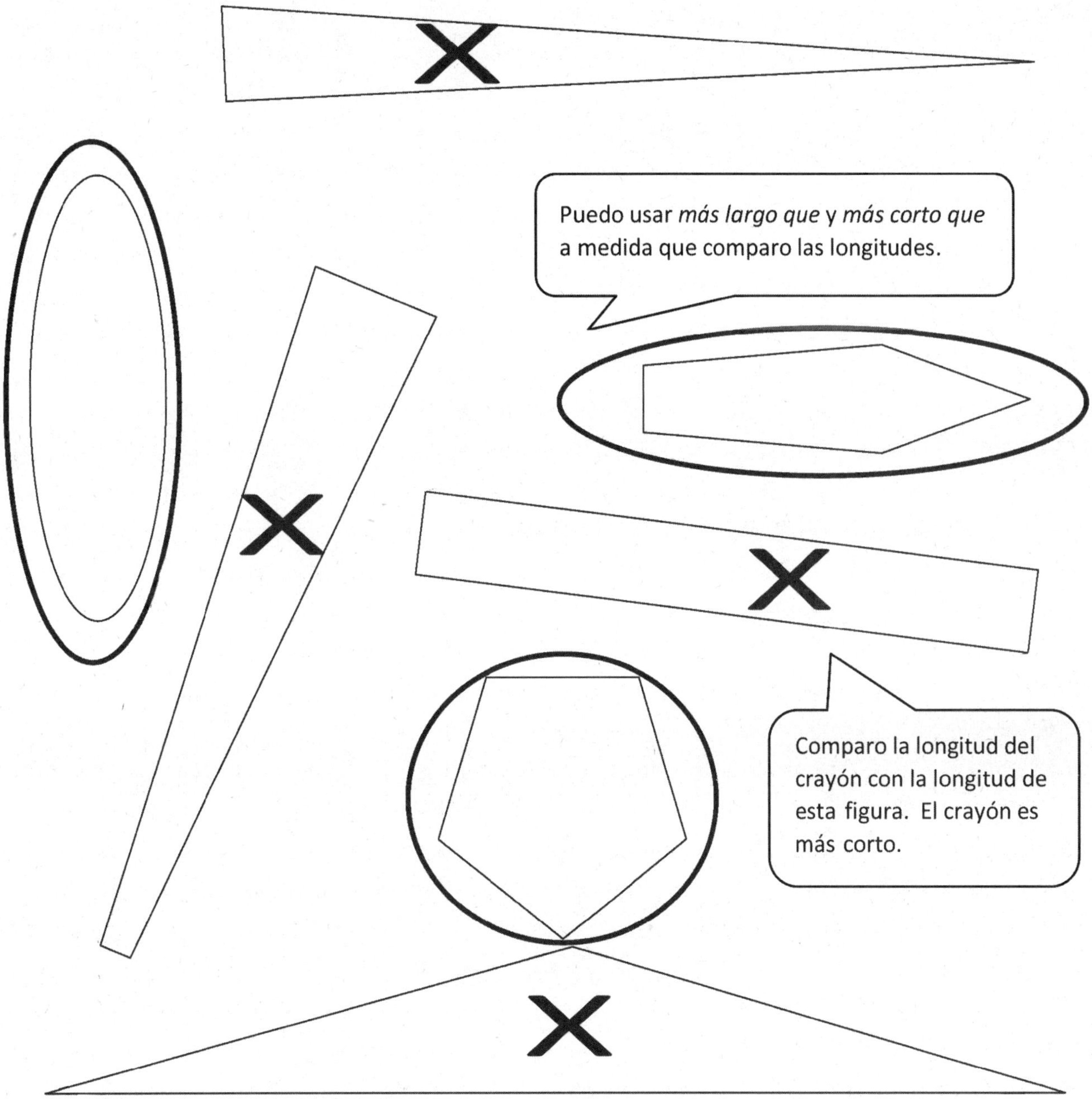

Puedo usar *más largo que* y *más corto que* a medida que comparo las longitudes.

Comparo la longitud del crayón con la longitud de esta figura. El crayón es más corto.

Lección 3:   Realizar una serie de comparaciones de *más largo que* y *más corto que*.

K • 9

EUREKA
MATH®
EDICIÓN PARA TEKS

© Great Minds PBC
Edición para TEKS | greatminds.org/Texas

Nombre _____   Fecha _____

Toma un crayón nuevo. Encierra en un círculo de color azul los objetos que son más cortos que el crayón. Encierra en un círculo de color rojo los objetos que son más largos que el crayón.

En la parte de atrás de la hoja, dibuja algunas cosas que sean más cortas que el crayón y otras que sean más largas que el crayón. Dibuja algo que tenga la misma longitud que el crayón.

EUREKA MATH
EDICIÓN PARA TEKS

Lección 3:   Realizar una serie de comparaciones de *más largo que* y *más corto que*.

11

Encierra en un círculo las barras que son más cortas que la barra de 5 cubos.

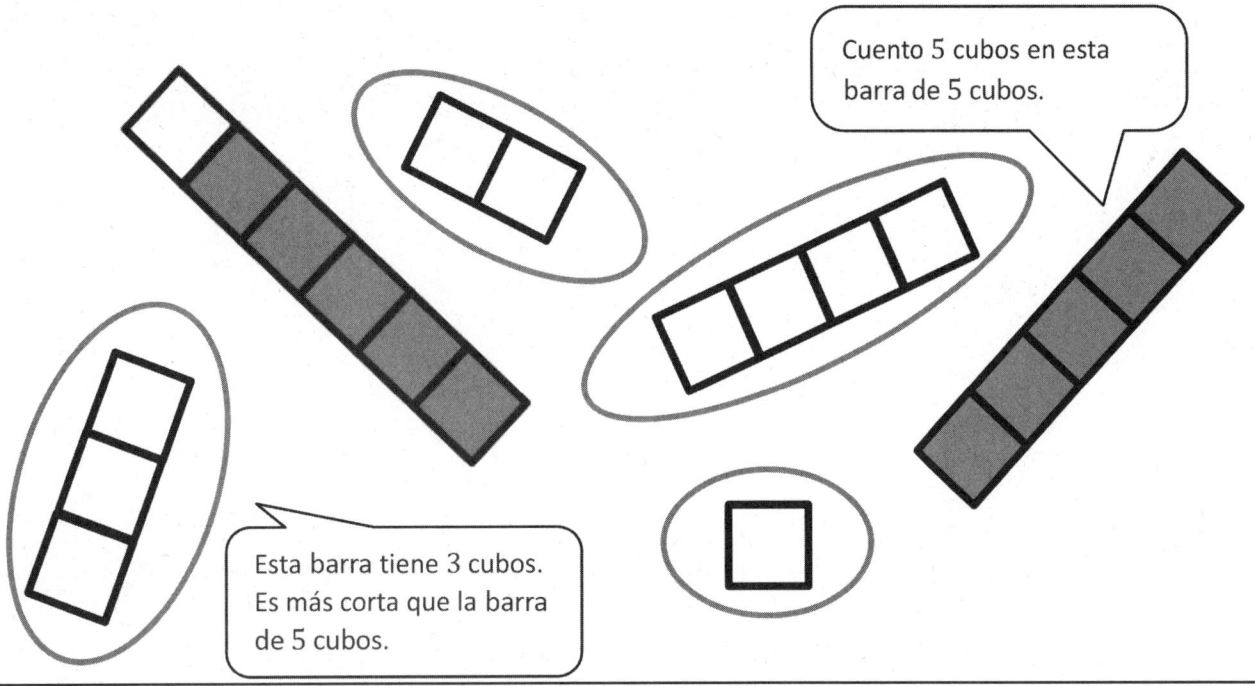

Encierra en un círculo las barras que son más largas que la barra de 5 cubos.

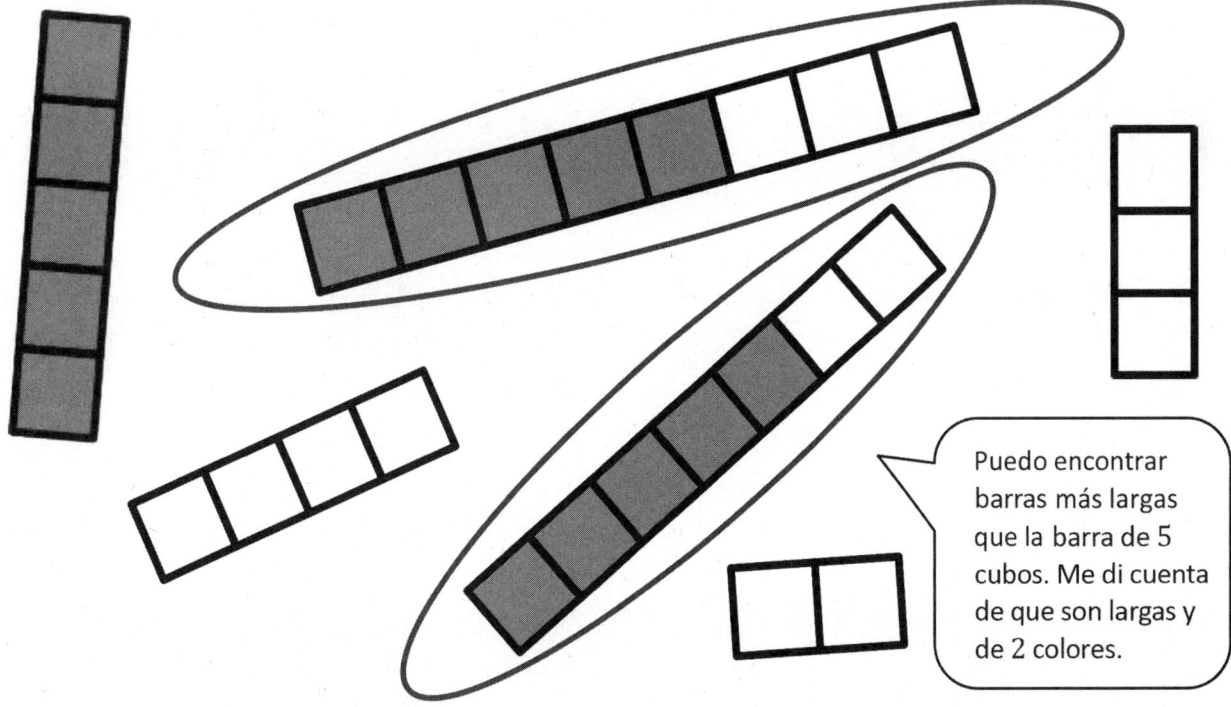

Nombre _____   Fecha _____

Utiliza un crayón de color rojo para encerrar en un círculo las barras que son más cortas que la barra de 5 cubos.

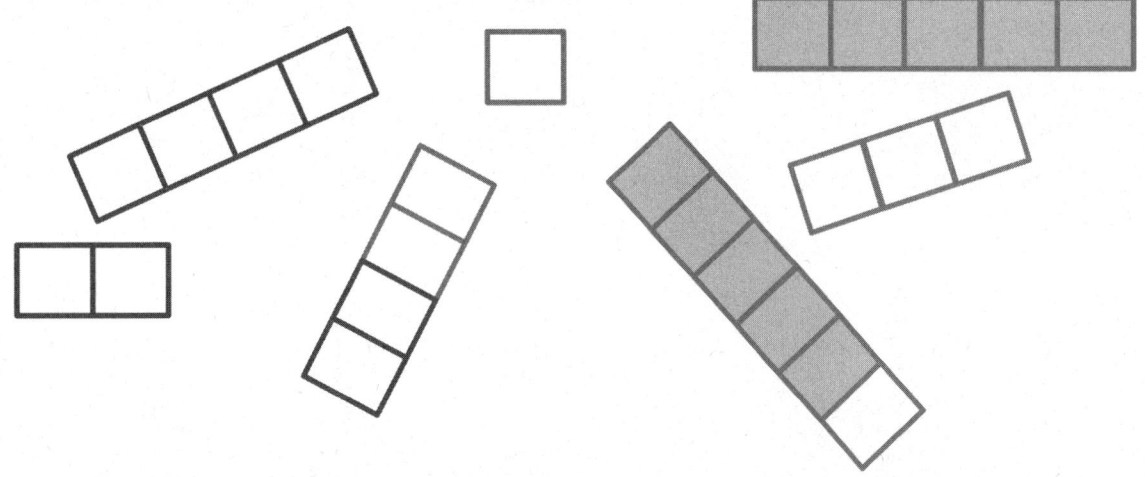

Utiliza un crayón de color azul para encerrar en un círculo las barras que son más largas que la barra de 5 cubos.

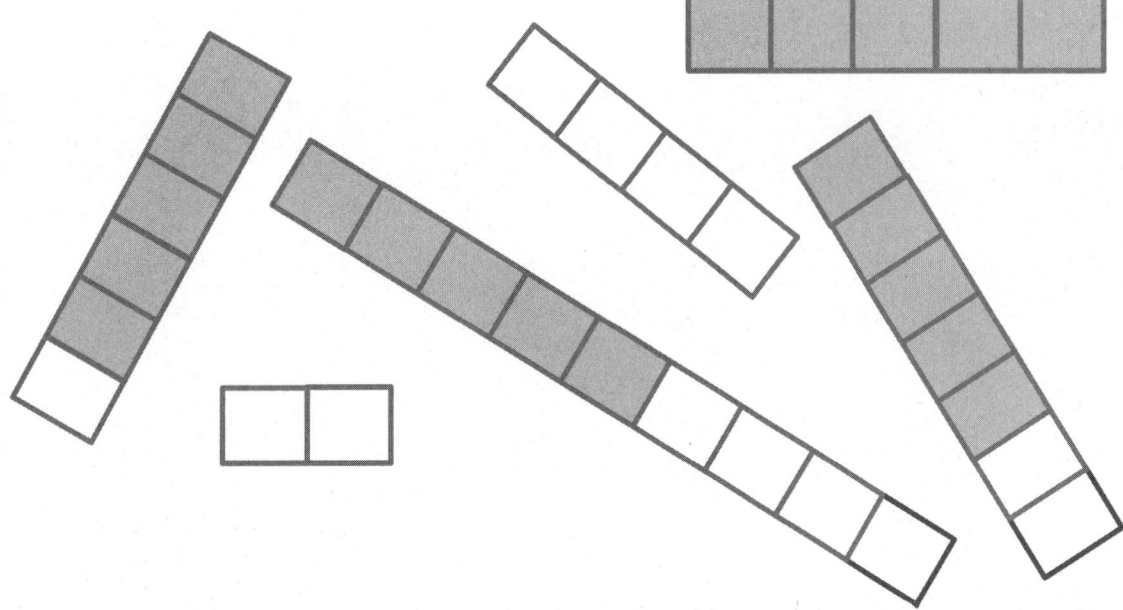

En la parte de atrás de la hoja, dibuja una barra de 7 cubos. Dibuja una barra más larga. Dibuja una barra más corta.

Lección 4:   Comparar la longitud de barras de cubos conectables con una barra de 5 cubos.

K • 15

EUREKA MATH®
EDICIÓN PARA TEKS

Encierra en un círculo la barra que es más corta que la otra.

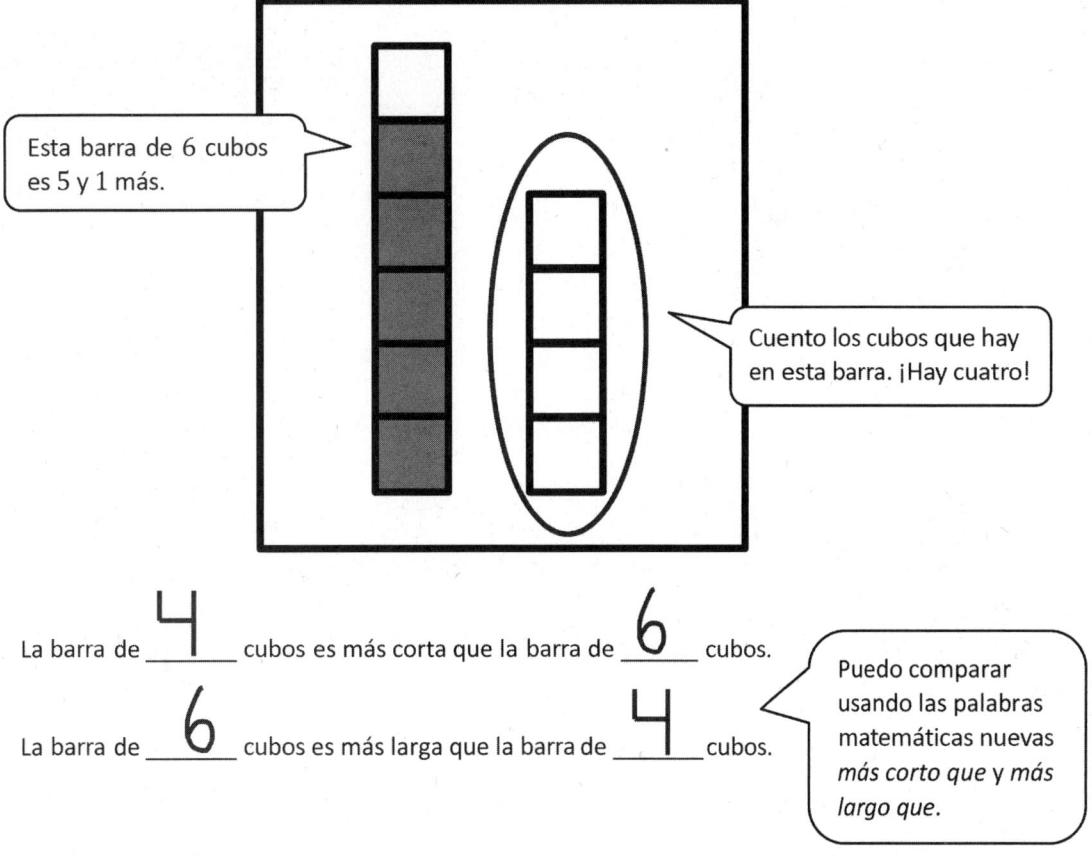

Esta barra de 6 cubos es 5 y 1 más.

Cuento los cubos que hay en esta barra. ¡Hay cuatro!

La barra de __4__ cubos es más corta que la barra de __6__ cubos.

La barra de __6__ cubos es más larga que la barra de __4__ cubos.

Puedo comparar usando las palabras matemáticas nuevas *más corto que* y *más largo que*.

Dibuja una barra que esté entre una barra de 3 cubos y una barra de 5 cubos.

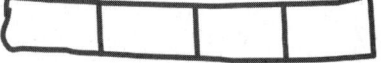

Dibuja una barra que sea más larga que la nueva barra.

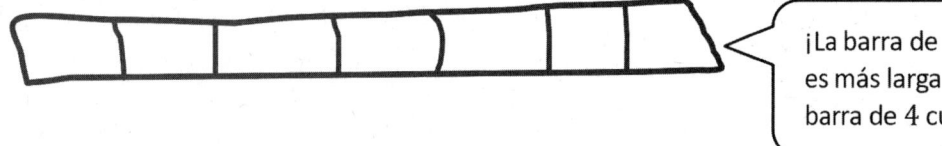

¡La barra de 7 cubos es más larga que la barra de 4 cubos!

Dibuja una barra que sea más corta que la nueva barra.

Lección 5:   Determinar qué barra de cubos conectables es *más larga que* o *más corta que* la otra.

© Great Minds PBC
Edición para TEKS | greatminds.org/Texas

Nombre _____   Fecha _____

Encierra en un círculo la barra que es más corta que la otra.

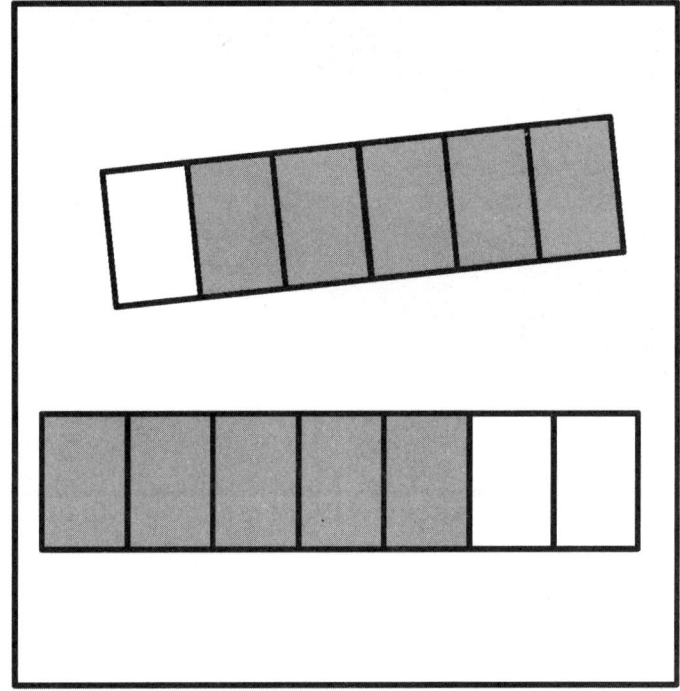

Mi barra de _____ cubos es más corta que mi barra de _____ cubos.

Mi barra de _____ cubos es más larga que mi barra de _____ cubos.

En la parte de atrás de la hoja, dibuja una barra de 7 cubos.

Dibuja una barra que sea más larga que una barra de 7 cubos.

Dibuja una barra que sea más corta que una barra de 7 cubos.

Lección 5:   Determinar qué barra de cubos conectables es *más larga que* o *más corta que* la otra.

K • 19

© Great Minds PBC
Edición para TEKS | greatminds.org/Texas

Colorea los cubos para mostrar la longitud del objeto.

La sandía es más corta que la barra de 8 cubos.

Comparo la hoja de papel con la barra. La hoja tiene la misma longitud que 4 cubos.

Lección 6:   Comparar la longitud de barras de cubos conectables con diversos objetos.

▶ 23

EUREKA MATH®
EDICIÓN PARA TEKS

© Great Minds PBC
Edición para TEKS | greatminds.org/Texas

Nombre _____ Fecha _____

Colorea los cubos para mostrar la longitud del objeto.

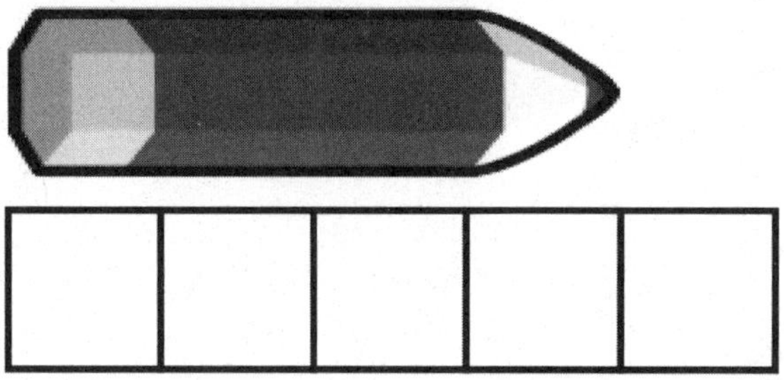

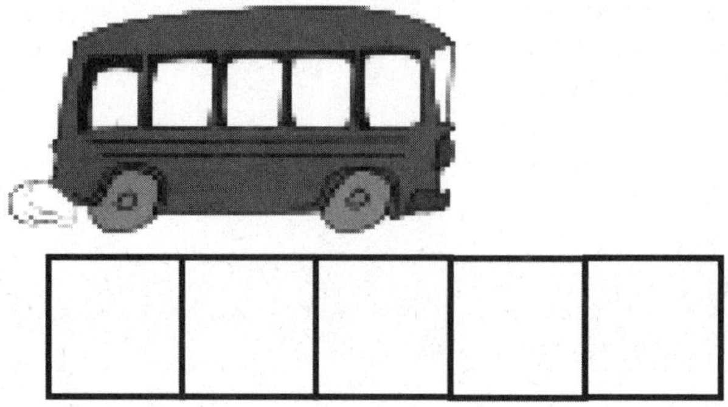

Lección 6:   Comparar la longitud de barras de cubos conectables con diversos objetos.

25

Estos recuadros representan cubos.

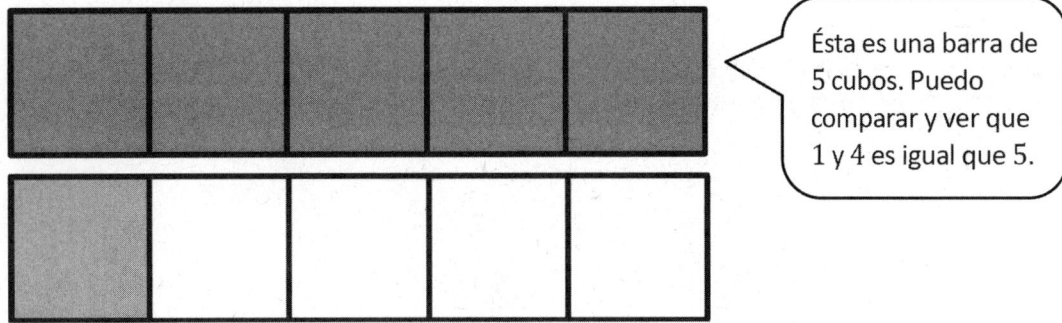

Ésta es una barra de 5 cubos. Puedo comparar y ver que 1 y 4 es igual que 5.

Colorea 1 cubo.

La longitud de mi barra de 1 cubo coloreada y mi barra de 4 cubos juntas es igual que la longitud de ___5___ cubos.

¡Junto la barra de 3 cubos y la barra de 2 cubos para formar una barra de 5 cubos!

Colorea 2 cubos.

La longitud de mi barra de 3 cubos y mi barra de 2 cubos juntas es igual que la longitud de ___5___ cubos.

EUREKA MATH®
EDICIÓN PARA TEKS

Lección 7:   Comparar objetos utilizando *igual que.*

K • 27

© Great Minds PBC
Edición para TEKS | greatminds.org/Texas

Nombre _____   Fecha _____

Estos recuadros representan cubos.

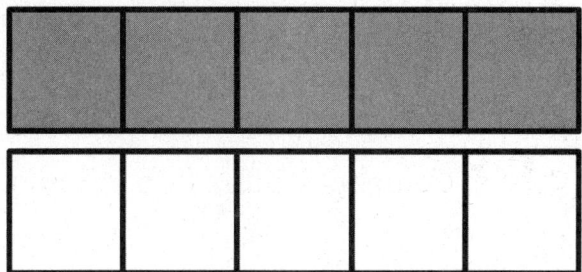

Colorea 2 cubos de color verde. Colorea 3 cubos de color azul.

La longitud de mi barra verde de 2 cubos y mi barra azul de 3 cubos juntas es igual que la longitud de 5 cubos.

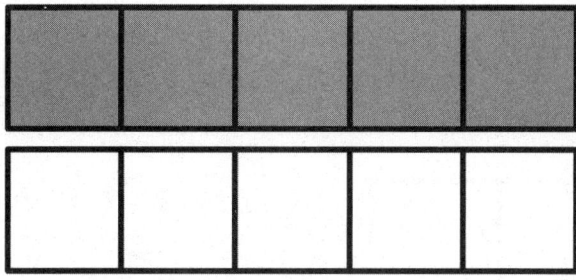

Colorea 3 cubos de color azul. Colorea 2 cubos de color verde.

La longitud de mi barra azul de 3 cubos y mi barra verde de 2 cubos juntas es igual que la longitud de _____ cubos.

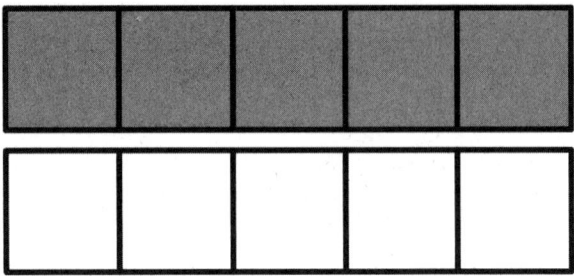

Colorea 1 cubo de color verde. Colorea 4 cubos de color azul.

¿Cuántos coloreaste? _____

_____

Colorea 4 cubos de color verde. Colorea 1 cubo de color azul.

¿Cuántos coloreaste? _____

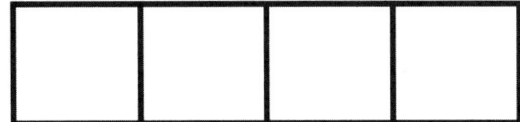

Colorea 2 cubos de color amarillo. Colorea 2 cubos de color azul.

La longitud de mis 2 cubos amarillos y mis 2 cubos azules juntos es igual que _____.

EUREKA
MATH®
EDICIÓN PARA TEKS

Dibuja un objeto que sea más pesado que el de la imagen.

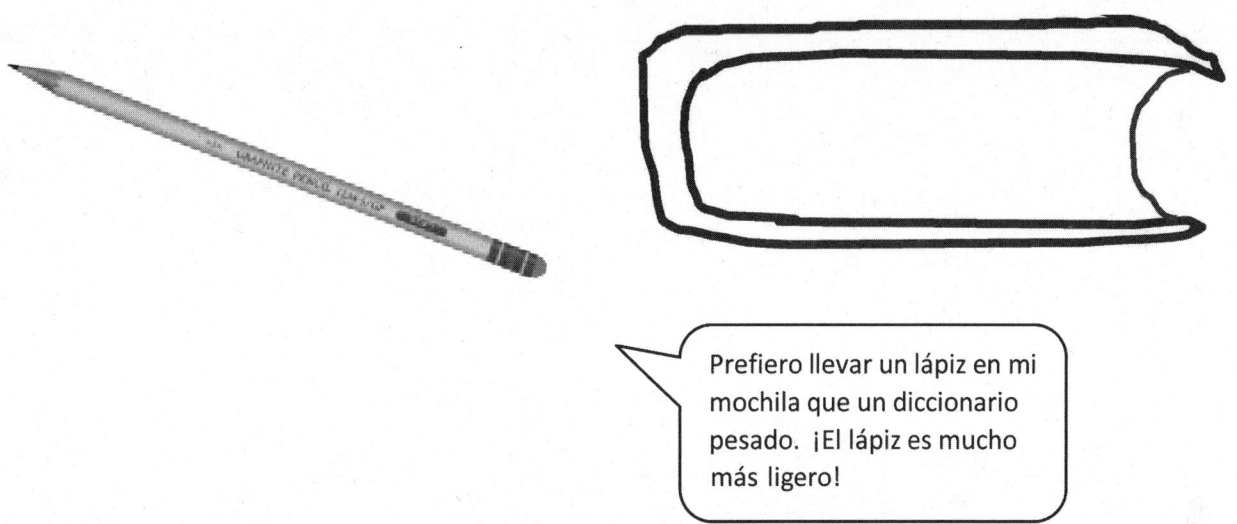

Prefiero llevar un lápiz en mi mochila que un diccionario pesado. ¡El lápiz es mucho más ligero!

Me resulta fácil levantar el cuaderno. Pero ¡no puedo levantar a mi papá! Es muy pesado.

EUREKA MATH®
EDICIÓN PARA TEKS

Lección 8:   Comparar objetos del salón de clases utilizando *más pesado que* y *más ligero que*.

© Great Minds PBC
Edición para TEKS | greatminds.org/Texas

K • 31

Nombre _____ Fecha _____

Dibuja un objeto que sea más ligero que el de la imagen.

Lección 8: Comparar objetos del salón de clases utilizando *más pesado que* y *más ligero que*.

Dibuja dentro de la caja algo que sea más pesado que el objeto que está sobre la balanza.

Una bola de boliche es más pesada que un zapato. Se necesitan muchos músculos para levantar una bola de boliche pesada.

Dibuja dentro de la caja algo que sea más ligero que el objeto que está sobre la balanza.

Una naranja es más ligera que una piña. Es más fácil de llevar. Pesa tan poquito que puedo levantar más de una. ¡Hasta puedo lanzarla!

Lección 9:   Por medio de balanzas de equilibrio, comparar objetos utilizando *más pesado que, más ligero que* y *lo mismo que*.

K 35

EUREKA MATH®
EDICIÓN PARA TEKS

Nombre _____ Fecha _____

Dibuja dentro de la caja algo que sea más pesado que el objeto que está sobre la balanza.

Lección 9: Por medio de balanzas de equilibrio, comparar objetos utilizando *más pesado que*, *más ligero que* y *lo mismo que*.

Dibuja dentro de la caja algo que sea más ligero que el objeto en que está sobre la balanza.

Lección 9:   Por medio de balanzas de equilibrio, comparar objetos utilizando *más pesado que*, *más ligero que* y *lo mismo que*.

EUREKA
MATH®
EDICIÓN PARA TEKS

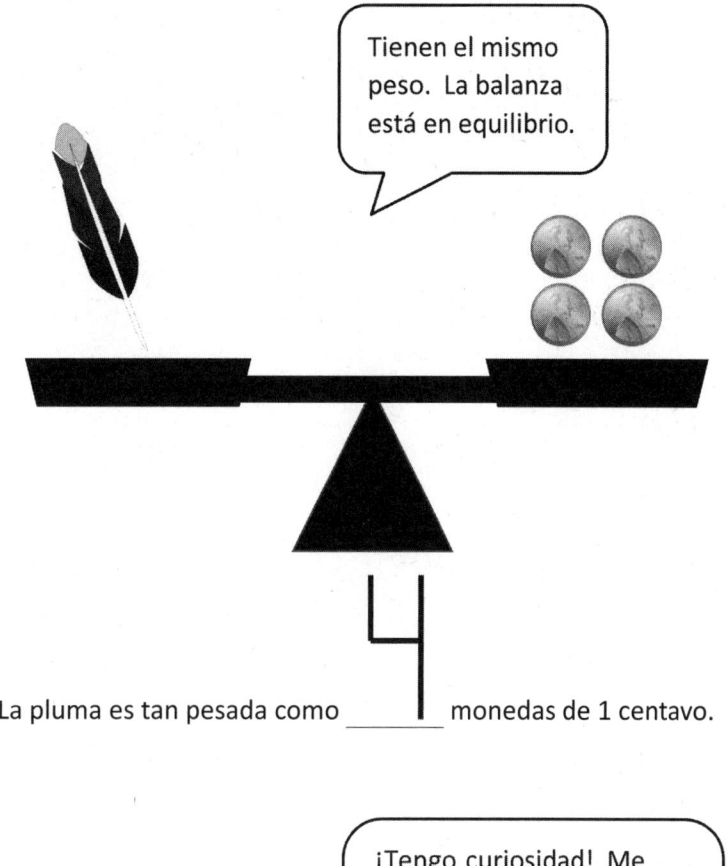

La pluma es tan pesada como _____ monedas de 1 centavo.

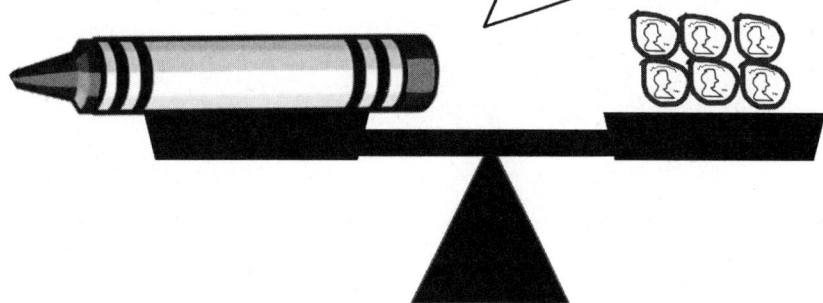

Dibuja las monedas de 1 centavo para que el crayón sea tan pesado como 6 monedas.

Lección 10:   Comparar el peso de un objeto con un conjunto de pesos unitarios en una balanza de equilibrio.

39

Nombre _____   Fecha _____

La pelota de golf es tan pesada como _____ monedas de 1 centavo.

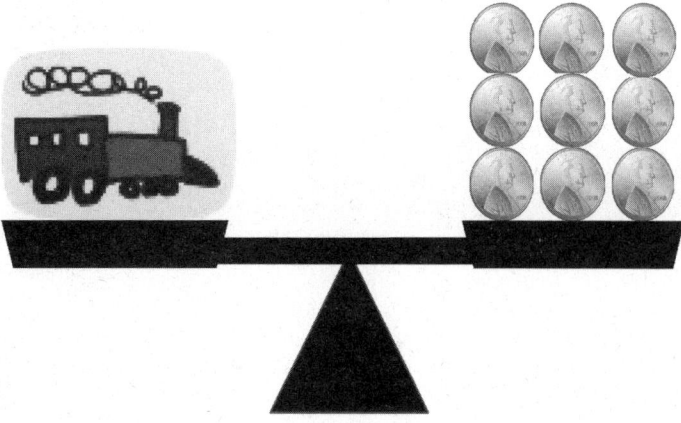

El tren de juguete es tan pesado como _____ monedas de 1 centavo.

Lección 10:   Comparar el peso de un objeto con un conjunto de pesos unitarios en una
balanza de equilibrio.

K   41

© Great Minds PBC
Edición para TEKS | greatminds.org/Texas

EUREKA
MATH
EDICIÓN PARA TEKS

Dibuja las monedas de 1 centavo para que la zanahoria sea tan pesada como 5 monedas.

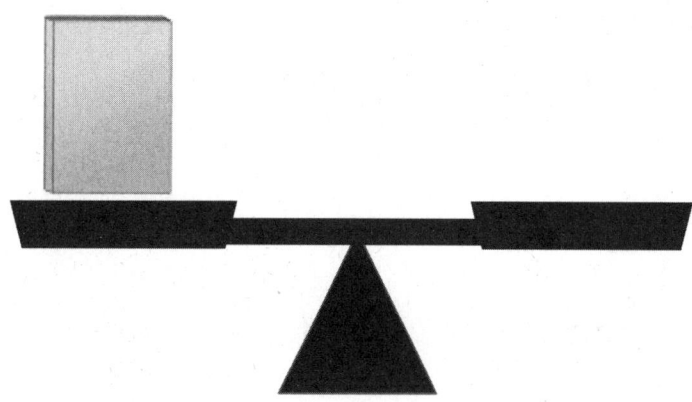

Dibuja las monedas de 1 centavo para que el libro sea tan pesado como 10 monedas.

En la parte de atrás de la hoja, dibuja una balanza de equilibrio con un objeto. Escribe cuántas monedas de 1 centavo piensas que pesa el objeto. Si es posible, trae el objeto mañana. Vamos a pesarlo para ver si pesa tantas monedas de 1 centavo como piensas.

EUREKA MATH®
EDICIÓN PARA TEKS

Lección 10:   Comparar el peso de un objeto con un conjunto de pesos unitarios en una balanza de equilibrio.

43

Dibuja cubos conectables para que cada lado pese lo mismo.

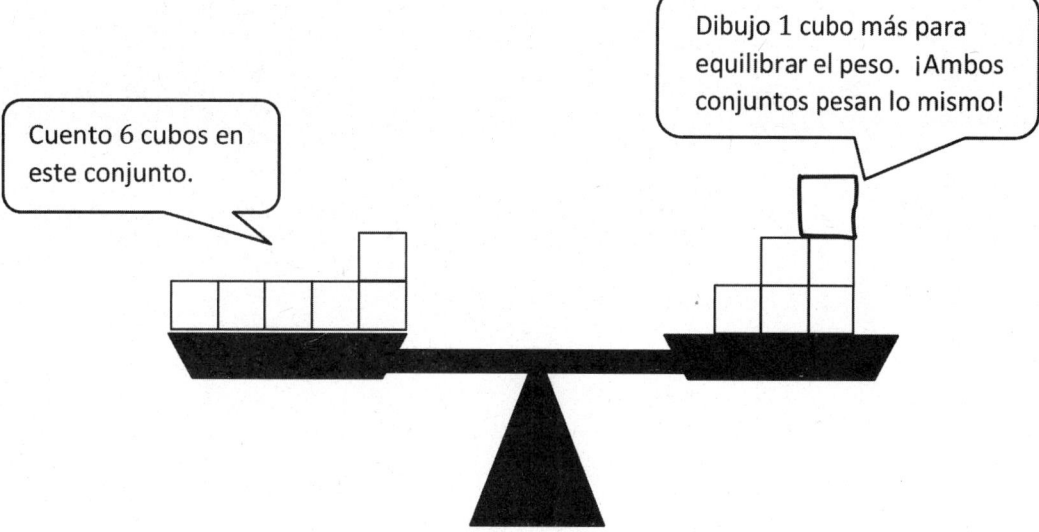

Cuento 6 cubos en este conjunto.

Dibujo 1 cubo más para equilibrar el peso. ¡Ambos conjuntos pesan lo mismo!

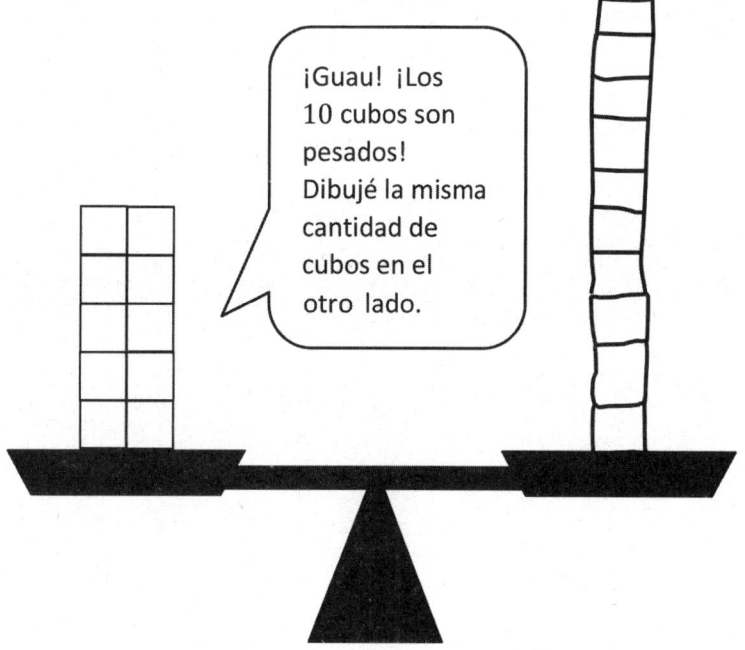

¡Guau! ¡Los 10 cubos son pesados! Dibujé la misma cantidad de cubos en el otro lado.

Lección 11:   Observar la conservación del peso en una balanza de equilibrio.

K 45

Nombre _____   Fecha _____

Dibuja cubos conectables para que cada lado pese lo mismo.

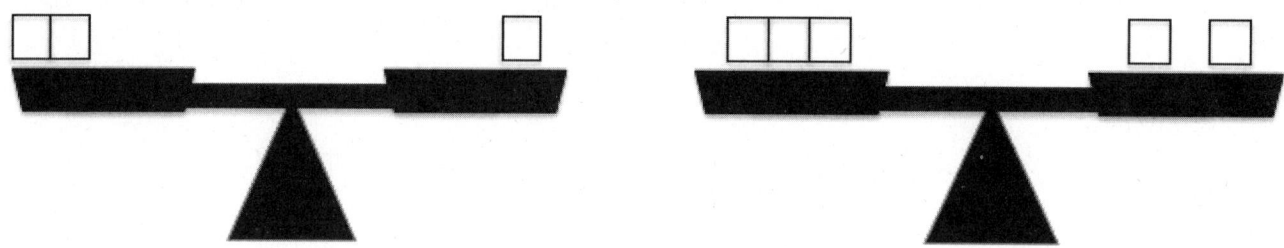

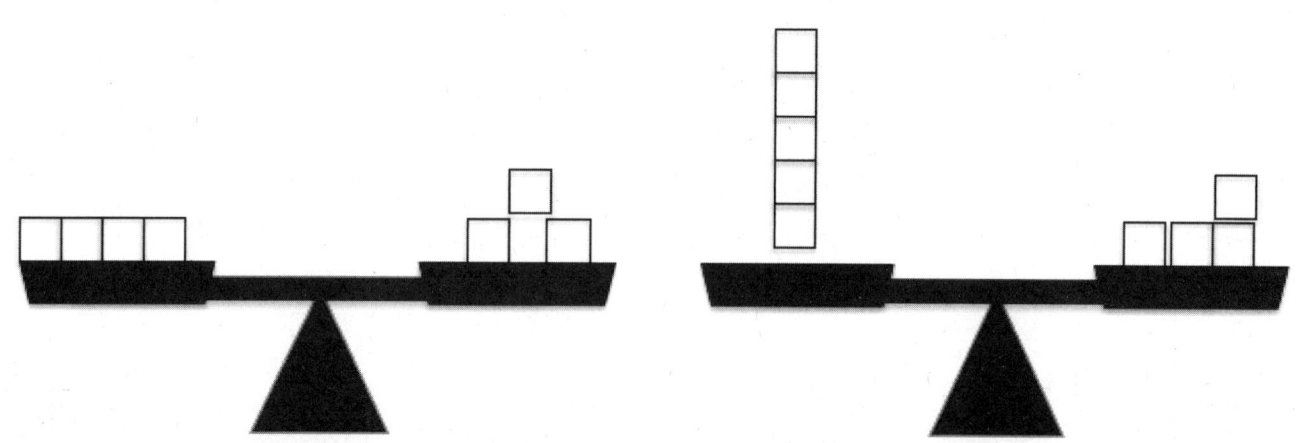

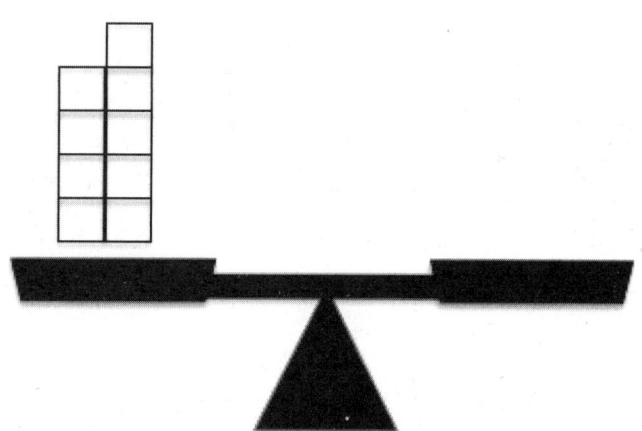

Lección 11:   Observar la conservación del peso en una balanza de equilibrio.

47

La manzana es tan pesada como _____ pastelitos.

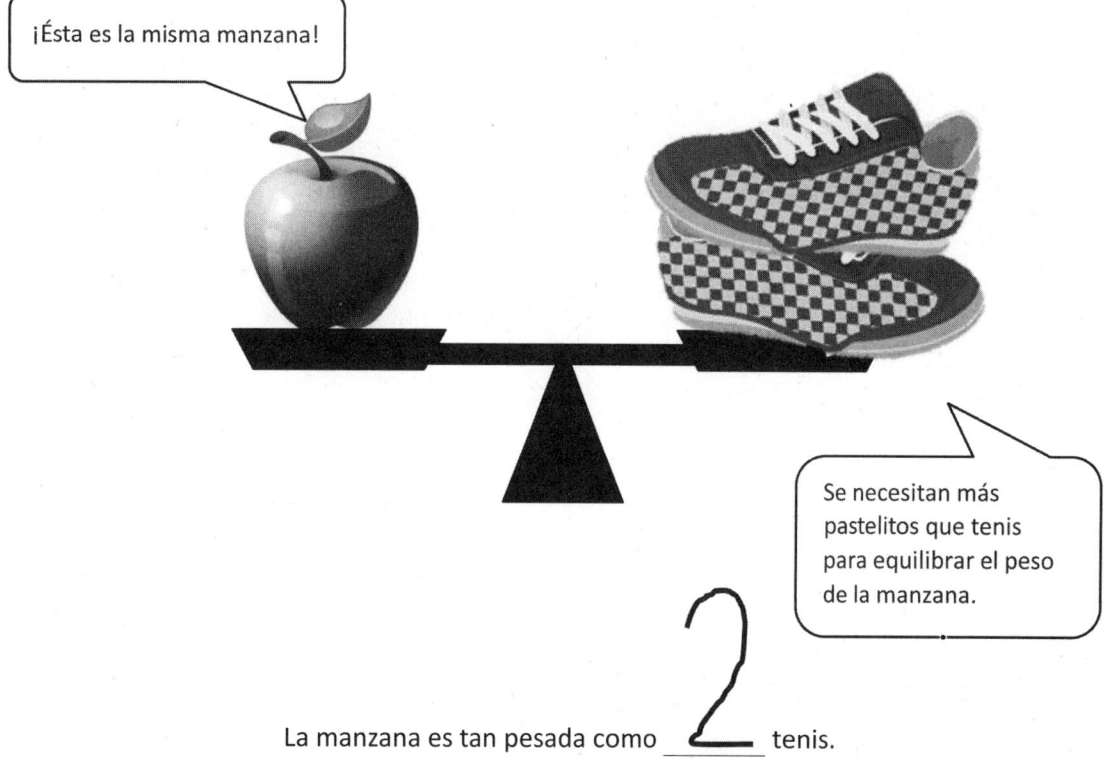

La manzana es tan pesada como _____ tenis.

Lección 12: Comparar el peso de un objeto con conjuntos de diferentes objetos en una balanza de equilibrio.

© Great Minds PBC
Edición para TEKS | greatminds.org/Texas

49

Nombre _____   Fecha _____

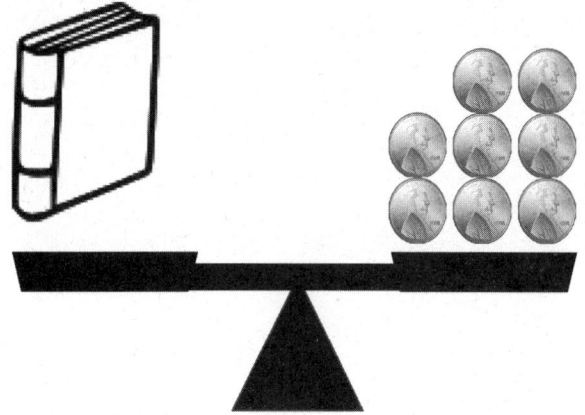

El libro es tan pesado como _____ monedas de 1 centavo.

El libro es tan pesado como _____ pelotas de tenis.

El libro es tan pesado como _____ cubos.

El libro es tan pesado como _____ osos para contar.

Lección 12:   Comparar el peso de un objeto con conjuntos de diferentes objetos en una balanza de equilibrio.

© Great Minds PBC
Edición para TEKS | greatminds.org/Texas

51

Cada rectángulo muestra 8 objetos. Encierra en un círculo dos conjuntos diferentes dentro de cada rectángulo. Los dos conjuntos representan las dos partes que componen los 8 objetos.

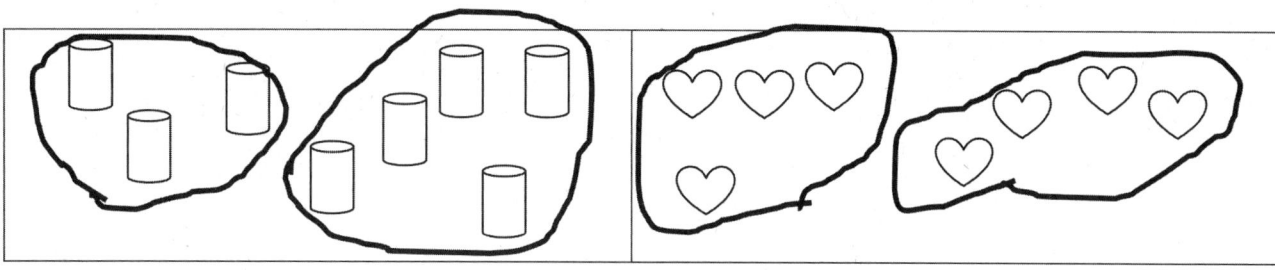

Sé que un conjunto de 3 y un conjunto de 5 hacen 8, y un conjunto de 4 y otro conjunto de 4 hacen 8.

Lección 13: Comparar el volumen usando *más que, menos que* e *igual que* al verter de un recipiente a otro.

© Great Minds PBC
Edición para TEKS | greatminds.org/Texas

53

Nombre _____ Fecha _____

En clase, hemos estado trabajando con la capacidad. Anime a su estudiante a explorar con recipientes de diferentes tamaños para ver cuáles tienen más y menos capacidad. Los estudiantes pueden experimentar al verter líquidos de un recipiente a otro.

Toda la tarea que verá en los próximos días será una revisión de las destrezas que se enseñan en el Módulo 1.

Cada rectángulo muestra 6 objetos. Encierra en un círculo 2 conjuntos diferentes dentro de cada rectángulo. Los dos conjuntos representan las dos partes que componen los 6 objetos. El primer ejercicio está resuelto como ejemplo.

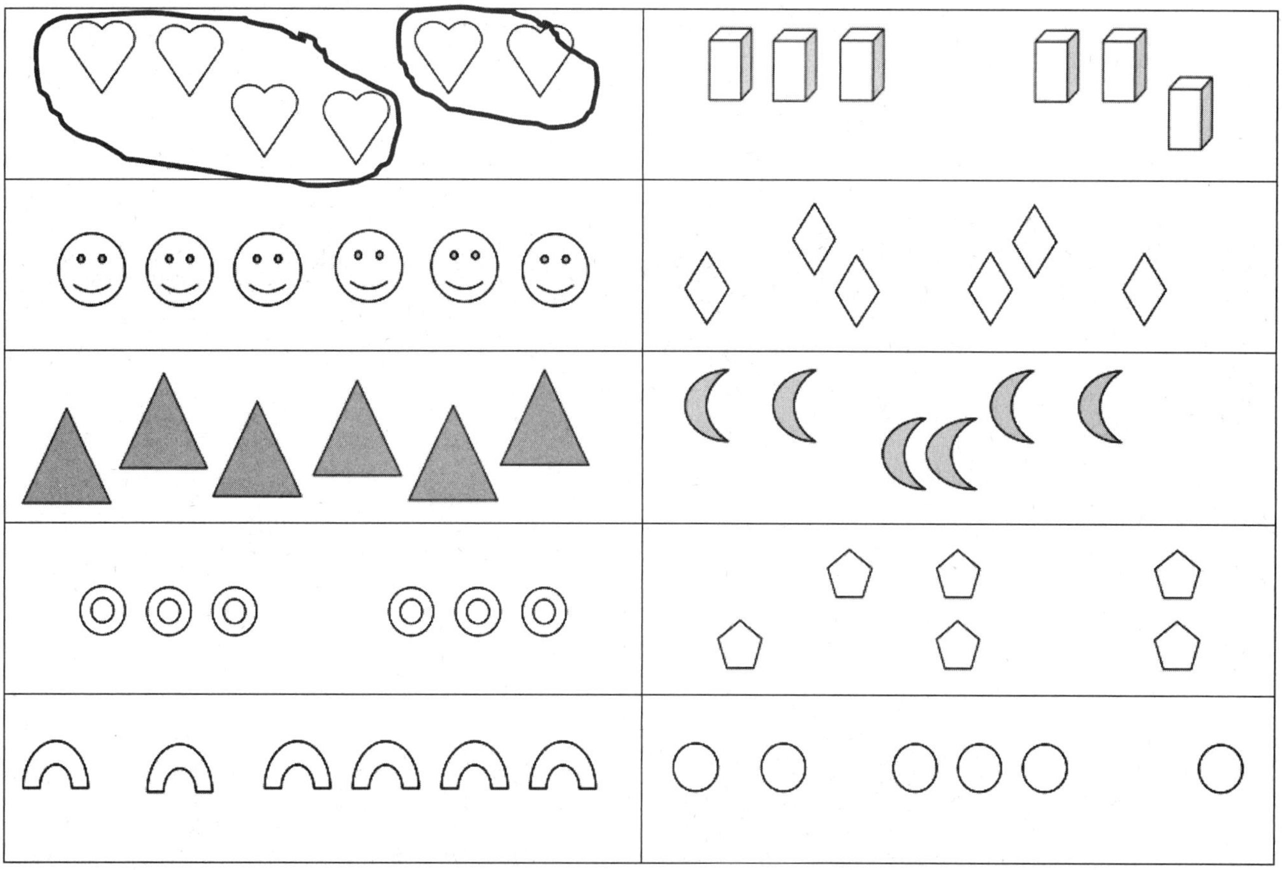

Lección 13: Comparar el volumen usando *más que, menos que* e *igual que* al verter de un recipiente a otro.

K 55

Dentro de cada rectángulo, forma un conjunto de 8 objetos.

Hay 9 nubes. Encierro 8 nubes en un círculo. Es como si el 8 estuviera escondido dentro del 9.

Aquí cuento 10 y encierro 8 de ellos en un círculo.

Lección 14: Explorar la conservación del volumen al verter de un recipiente a otro.

57

Nombre _____   Fecha _____

Dentro de cada rectángulo, forma un conjunto de 6 objetos. El primer ejercicio está resuelto como ejemplo.

Lección 14:   Explorar la conservación del volumen al verter de un recipiente a otro.

K   59

Encierra en un círculo 2 conjuntos dentro de cada conjunto de 8.

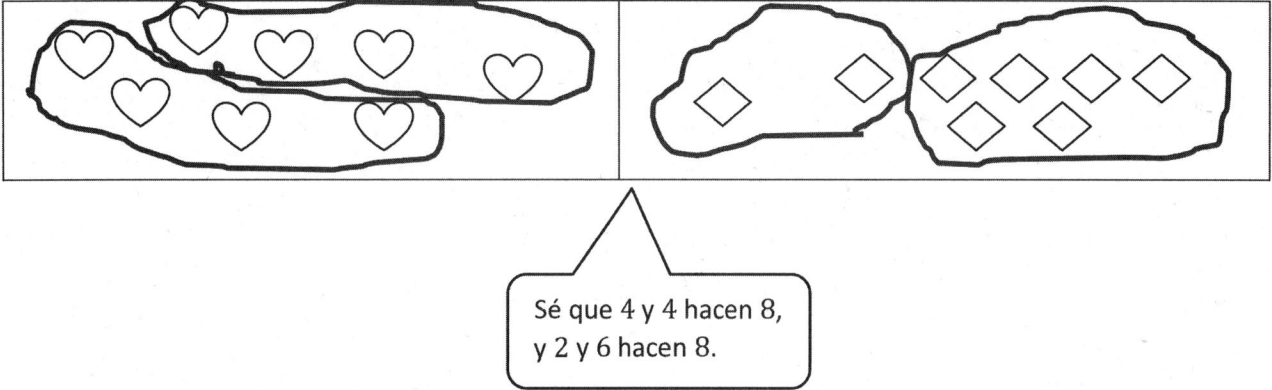

Sé que 4 y 4 hacen 8,
y 2 y 6 hacen 8.

Lección 15: Comparar utilizando *igual que* con unidades.

61

EUREKA
MATH®
EDICIÓN PARA **TEKS**

© Great Minds PBC
Edición para TEKS | greatminds.org/Texas

Nombre _____ Fecha _____

Encierra en un círculo 2 conjuntos dentro de cada conjunto de 7. El primer ejercicio está resuelto como ejemplo.

© Great Minds PBC
Edición para TEKS | greatminds.org/Texas

Traza líneas rectas con la regla para ver si hay suficientes flores para las mariposas.

Puedo trazar una línea para conectar cada mariposa con una flor.

Luego sigo haciendo lo mismo para ver si hay suficientes flores para todas las mariposas.

¡Cada mariposa tiene una flor! ¡Eso significa que hay suficientes!

Lección 16:   Comparar para saber si hay suficiente(s).

EUREKA MATH
EDICIÓN PARA TEKS

© Great Minds PBC
Edición para TEKS | greatminds.org/Texas

Tienes 3 huesos para perros. Dibuja suficientes tazones para poner 1 hueso en cada tazón.

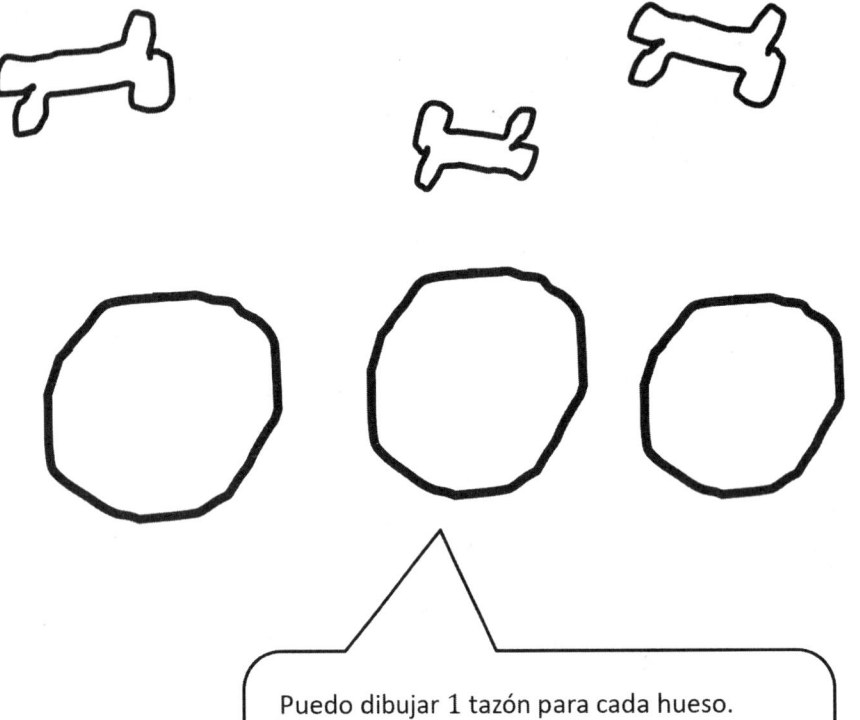

Puedo dibujar 1 tazón para cada hueso.
Para ayudarme a resolver el ejercicio, primero dibujé los huesos. Hay 3 huesos y 3 tazones.

EUREKA
MATH®
EDICIÓN PARA TEKS

Nombre _____   Fecha _____

Traza líneas rectas con la regla para ver si hay suficientes palas para las cubetas.

Escribe el número de  . 6

Escribe el número de  . 6

¿El número de  es igual que el de  ? Encierra en un círculo Sí o No.

¡Hay suficientes manzanas para cada hormiga!

Primero conté 6 manzanas.
Luego conté 6 hormigas.
¡Estos conjuntos son iguales!

Lección 17: Comparar usando *más que* e *igual que*.

© Great Minds PBC
Edición para TEKS | greatminds.org/Texas

Nombre _____   Fecha _____

Traza líneas rectas con la regla para ver si hay un aro para cada pelota.

¿Hay *más*  o  ?

Escribe el número de  . ⬜

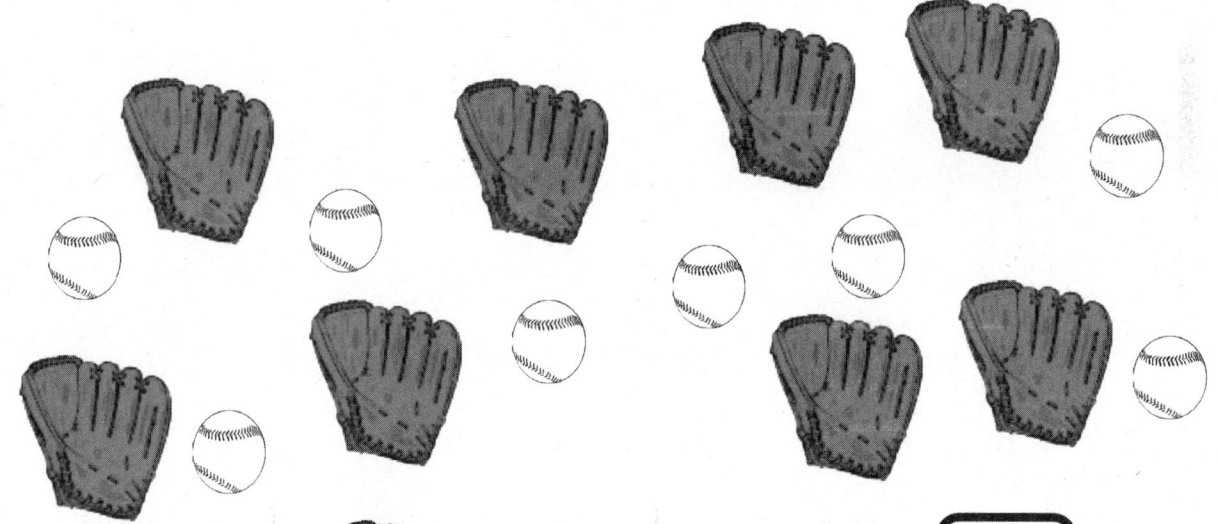

Escribe el número de  . Escribe el número de . ⬜

¿El número de  es igual que el de ? Encierra en un círculo Sí o No.

Dibuja otro insecto para que el número de insectos sea igual que el número de hojas.

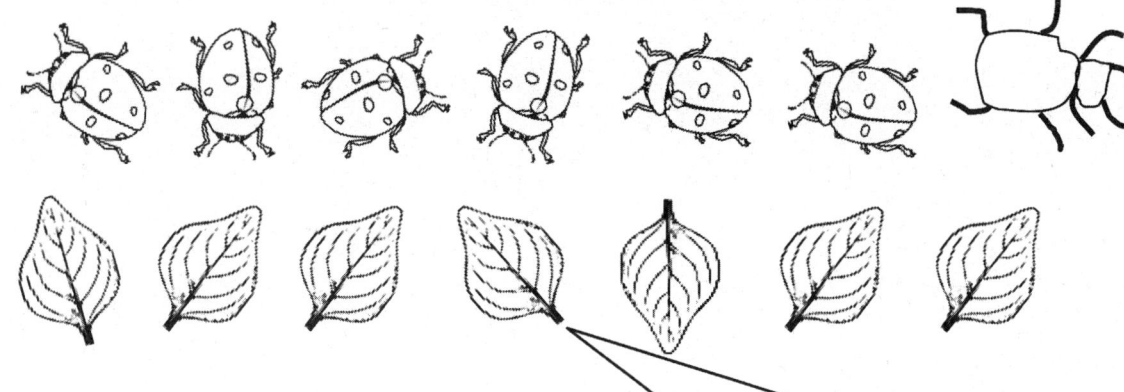

¡Puedo dibujar un insecto más para que el número de insectos sea igual que el de hojas!

En el recuadro de abajo, dibuja 6 corazones .

Dibuja triángulos para que haya *menos* triángulos que corazones .

Dibuja círculos para que el número de círculos sea *igual que* el número de

corazones .

Sé que tengo menos triángulos que corazones, porque dibujé 6 corazones y ¡sólo dibujé 3 triángulos!

Nombre _____   Fecha _____

Dibuja otra ave para que el número de aves sea igual que el de jaulas.

En la parte de atrás de la hoja, dibuja 5 perros .

Dibuja casas de perro  para que haya menos casas de perro

que perros  .

Dibuja huesos 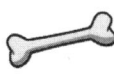 para que el número de huesos sea igual que el de perros  .

EUREKA MATH
EDICIÓN PARA TEKS

© Great Minds PBC
Edición para TEKS | greatminds.org/Texas

En la primera cadena, colorea las 4 primeras cuentas de naranja.

En la siguiente cadena, colorea más de 4 cuentas de morado.

¿Cuántas cuentas coloreaste de morado? Escribe el número en la casilla.

¡Puedo crear una fila con más de 4! Primero dibujo una fila del mismo tamaño y luego simplemente coloreo algunas más para que sea más larga.

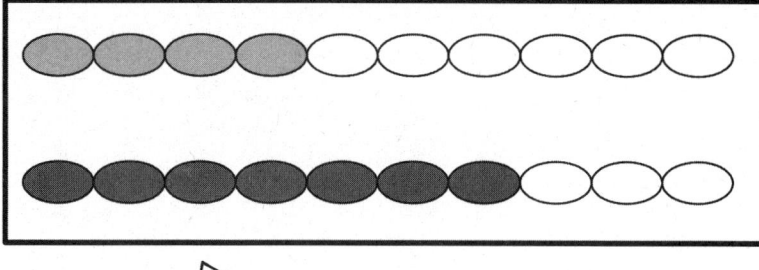

7

7 cuentas moradas son más que 4.

Sé que 7 es más que 4 porque ¡la fila de cuentas moradas es más larga!

Dibuja una cadena con más de 5 cuentas, pero menos de 9 cuentas.

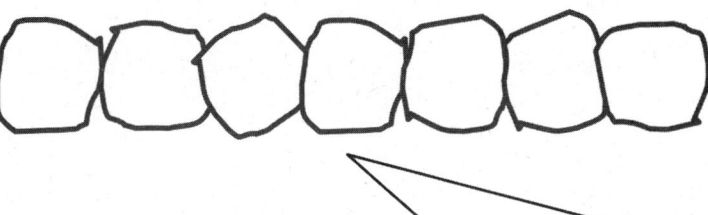

Comienzo dibujando 5 cuentas y luego agrego más, una a la vez. Antes de llegar a 9, me detengo. Me detuve en 7. 7 es más que 5, pero sigue siendo menos que 9.

Nombre _____ Fecha _____

En la primera cadena, colorea las 3 primeras cuentas de azul.

En la siguiente cadena, colorea más de 3 cuentas de rojo.

¿Cuántas cuentas coloreaste de rojo? Escribe el número en la casilla.

_____ cuentas rojas son más que 3.

En la primera cadena, colorea las 5 primeras cuentas de verde.

En la siguiente cadena, colorea menos de 5 cuentas de amarillo.

¿Cuántas cuentas coloreaste de amarillo? Escribe el número en la casilla.

_____ cuentas amarillas son menos que 5.

Colorea 2 cuentas de color café en la primera columna.

Colorea más de 2 cuentas de azul en la segunda columna.

¿Cuántas cuentas coloreaste en la segunda columna? Escribe el número en la casilla.

_____ cuentas azules son más que 2.

EUREKA
MATH
EDICIÓN PARA TEKS

Colorea 9 cuentas de rojo en la primera columna.

Colorea menos de 9 cuentas de verde en la segunda columna.

¿Cuántas cuentas coloreaste en la segunda columna? Escribe el número en la casilla.

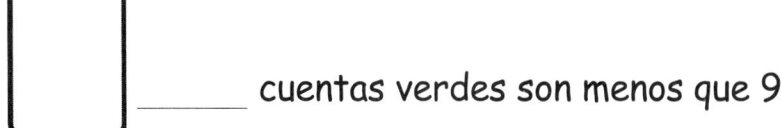

_____ cuentas verdes son menos que 9.

Dibuja una cadena con más de 3 cuentas, pero menos de 10 cuentas.

Dibuja una cadena con menos de 10 cuentas, pero más de 4 cuentas.

Lección 19:   Relacionar *más* y *menos* con la longitud.

¿Qué conjunto tiene más? ¿El de  o el de ?

Encierra en un círculo el conjunto que tiene más.

El conjunto de patos tiene más. Lo sé porque cuento 6 patos y sólo 4 conejos. 6 es más que 4.

Dibuja un conjunto de 3 gatitos. Luego, dibuja algunos cachorros. ¿Hay menos gatitos o menos cachorros?

Sé que hay menos cachorros. Dibujé 3 gatitos y, cuando dibujé los cachorros, me detuve en 2.

Lección 20: Comparar conjuntos de manera informal usando *más, menos* y *menos que.*

Nombre _____ Fecha _____

¿Qué conjunto tiene más? ¿El de  o el de  ?

Encierra en un círculo el conjunto que tiene más.

¿Qué conjunto tiene menos? ¿El de 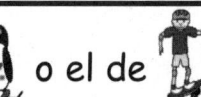 o el de  ?

Encierra en un círculo el conjunto que tiene menos.

¿Qué conjunto tiene menos? ¿El de 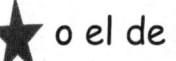 o el de  ?

Encierra en un círculo el conjunto que tiene menos.

En la parte de atrás de la hoja, dibuja un conjunto de 5 libros. Dibuja algunas manzanas. ¿Hay menos manzanas o menos libros?

EUREKA MATH
EDICIÓN PARA TEKS

Cuenta los peces. En el siguiente recuadro, dibuja el mismo número de peceras que de peces.

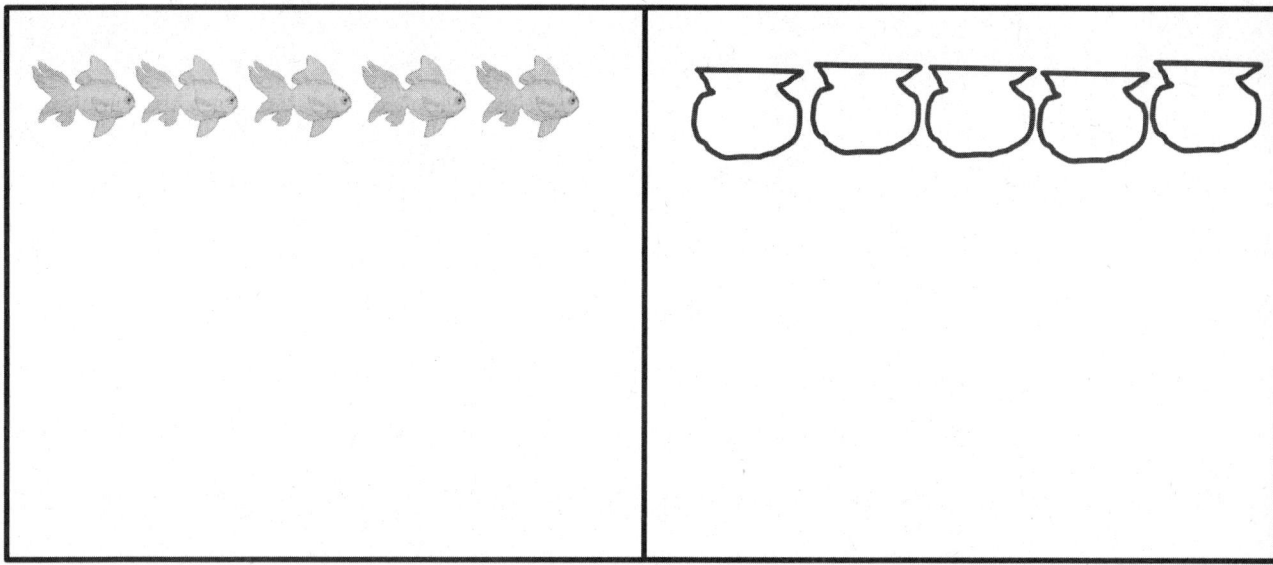

Cuento 5 peces. Entonces, debo dibujar 5 peceras.

¡Hay el mismo número de peceras que de peces!

Nombre _____ Fecha _____

Cuenta las aves. En el siguiente recuadro, dibuja el mismo número de nidos que de aves.

Cuenta las casas. En el siguiente recuadro, dibuja el mismo número de árboles que de casas.

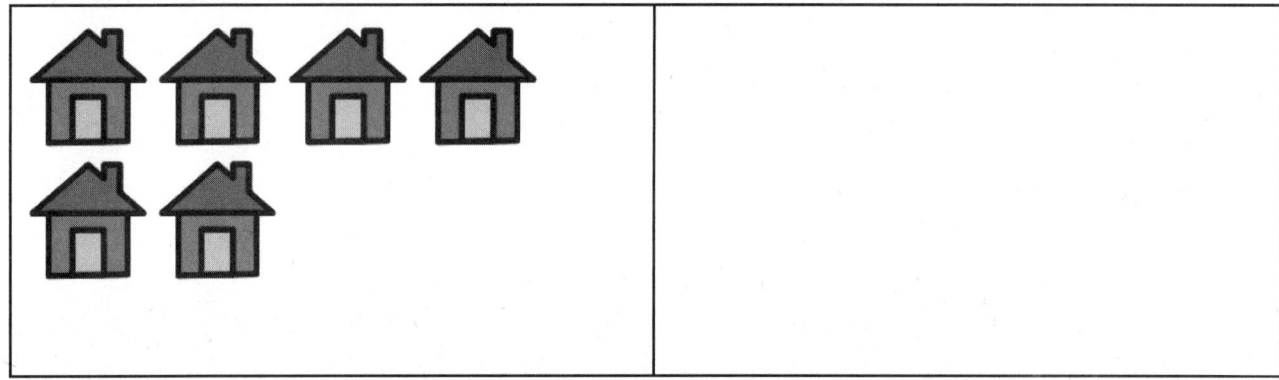

Cuenta los monos. En el siguiente recuadro, dibuja el mismo número de plátanos que de monos.

En la parte de atrás de la hoja, dibuja unos lápices. Luego, dibuja un crayón por cada lápiz.

Lección 21:   Identificar y crear un conjunto que tiene el mismo número de objetos.

87

¿Cuántos caracoles hay?   4

Dibuja una hoja por cada caracol y 1 hoja más.

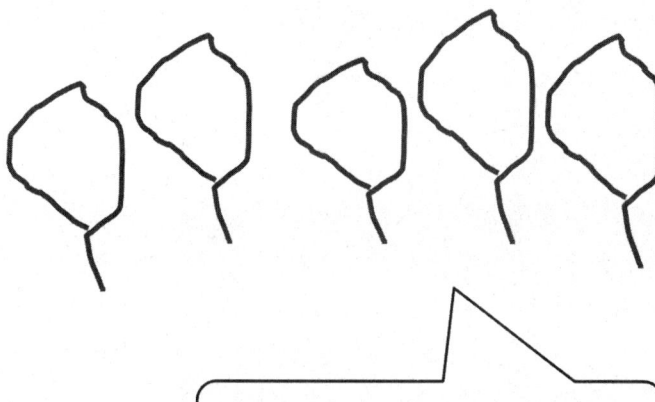

¿Cuántas hojas hay?   5

Dibujo 4 hojas y luego dibujo 1 más.
1 más que 4 es 5.

Lección 22:   Razonar para identificar y formar un conjunto que tenga 1 más.

89

Nombre _____   Fecha _____

¿Cuántos gatos hay? ☐

Dibuja una pelota por cada gato y 1 pelota más.

¿Cuántas pelotas hay? ☐

¿Cuántos elefantes hay? ☐

Dibuja un cacahuate por cada elefante y 1 cacahuate más.

¿Cuántos cacahuates hay? ☐

EUREKA
MATH
EDICIÓN PARA TEKS

Cuenta el conjunto de objetos y escribe en la casilla cuántos hay.

Dibuja un conjunto de triángulos que tenga 1 menos y escribe en la casilla cuántos hay. Mientras trabajas, usa las palabras matemáticas *menos que*.

Cuento 8 cometas. Déjame pensar. 8. 1 menos es 7. Entonces dibujo 7 triángulos.

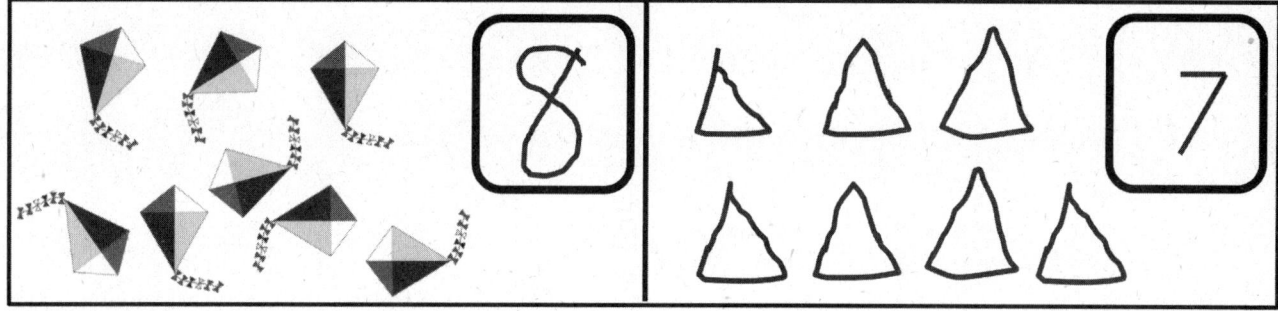

7 es menos que 8.

Lección 23: Razonar para identificar y formar un conjunto que tenga 1 menos.

93

Nombre _____ Fecha _____

Cuenta el conjunto de objetos y escribe en la casilla cuántos hay.

Dibuja un conjunto de círculos que tenga 1 menos y escribe en la casilla cuántos hay. A medida que trabajas, usa las palabras matemáticas *menos que*.

Lección 23: Razonar para identificar y formar un conjunto que tenga 1 menos.

K 95

Cuenta los objetos en cada línea. Escribe en la casilla cuántos hay. Luego, completa los espacios en blanco de abajo. Usa las palabras *más que* para comparar los números.

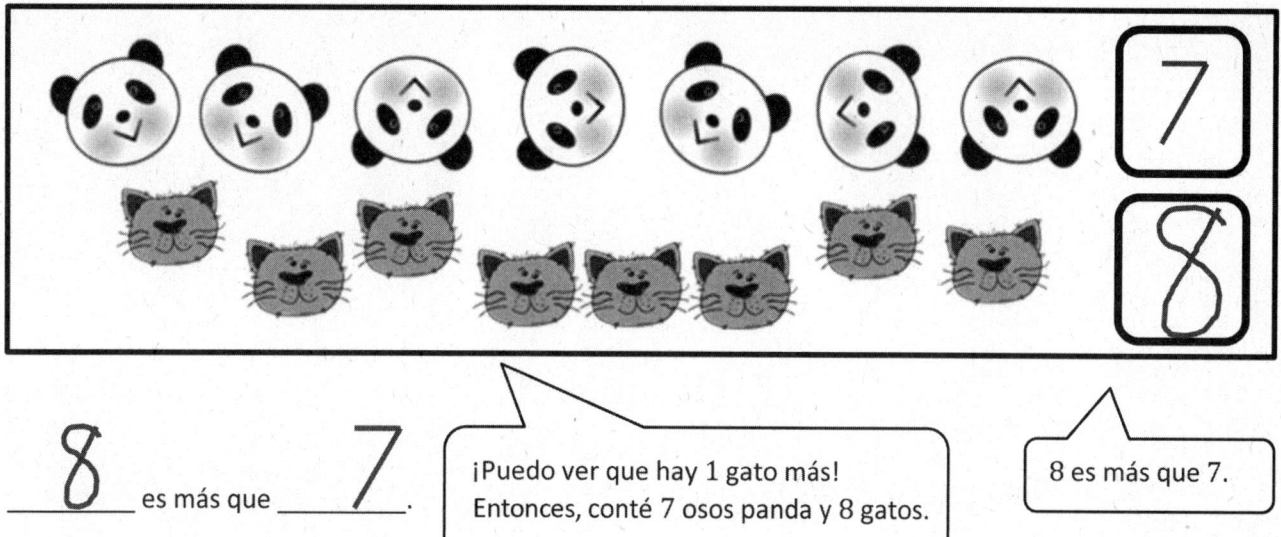

_8_ es más que _7_ .

¡Puedo ver que hay 1 gato más! Entonces, conté 7 osos panda y 8 gatos.

8 es más que 7.

Lección 24:   Relacionar y contar para comparar el número de objetos. Indicar qué cantidad es mayor.

97

Nombre _____   Fecha _____

Cuenta los objetos en cada línea. Escribe en la casilla cuántos hay. Luego, completa los espacios en blanco de abajo.

_____ es más que _____.

_____ es más que _____.

_____ es más que _____.

EUREKA
MATH
EDICIÓN PARA TEKS

Lección 24:   Relacionar y contar para comparar el número de objetos. Indicar qué cantidad es mayor.

K   99

© Great Minds PBC
Edición para TEKS | greatminds.org/Texas

Cuenta los objetos en cada línea. Escribe en la casilla cuántos hay. Luego, completa los espacios en blanco de abajo.

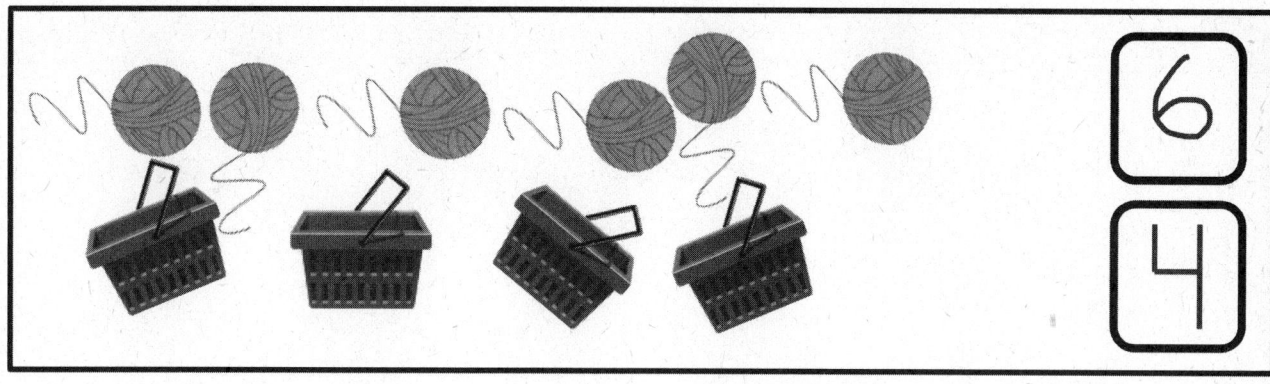

_____ es menos que _____.
4   6

¡No hay suficientes cestas para cada cada ovillo!

4 es menos que 6. Si intentara colocar cada ovillo en una cesta, ¡me sobrarían algunos!

Lección 25: Relacionar y contar para comparar dos conjuntos de objetos. Indicar qué cantidad es menor.

101

EUREKA MATH®
EDICIÓN PARA TEKS

© Great Minds PBC
Edición para TEKS | greatminds.org/Texas

Nombre _____   Fecha _____

Cuenta los objetos en cada línea. Escribe en la casilla cuántos hay. Luego, completa los espacios en blanco de abajo.

_____ es menos que _____.

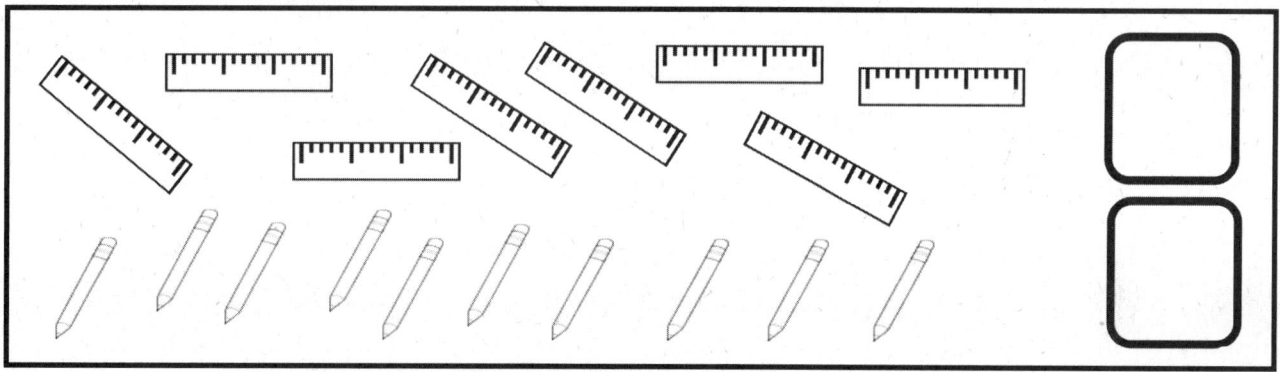

_____ es menos que _____.

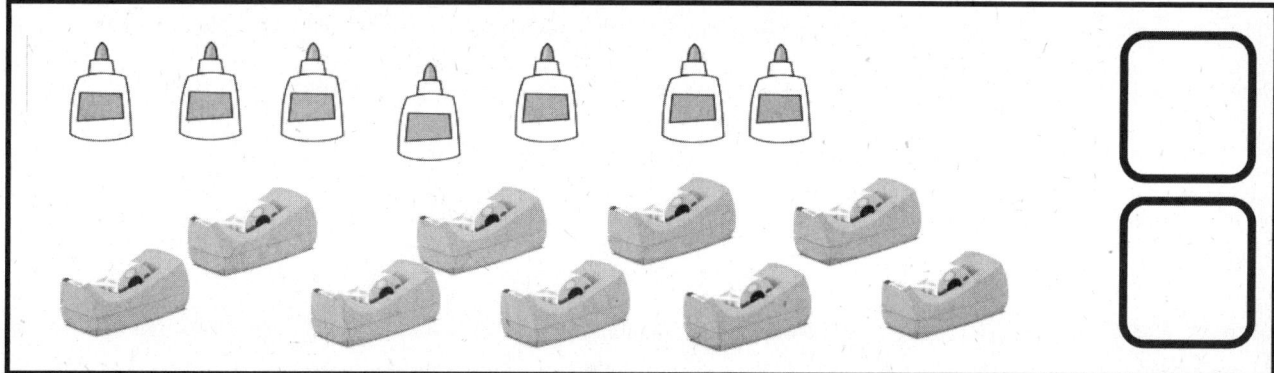

_____ es menos que _____.

EUREKA
MATH
EDICIÓN PARA TEKS

Lección 25:   Relacionar y contar para comparar dos conjuntos de objetos.
Indicar qué cantidad es menor.

103

Dibuja una torre con más cubos.

4 es más que 3.

3 es menos que 4.

Dibuja una torre con menos cubos.

6 es más que 3.

3 es menos que 6.

> Puedo hacer una torre con más cubos. ¡Sólo la hago más alta! La primera torre tiene 3 cubos, entonces hice una torre con 1 más. Mi torre tiene 4 cubos.

> Puedo hacer una torre con menos cubos. ¡Sólo la hago más baja! La primera torre tiene 6 cubos, entonces hice la mía sólo con 3 cubos. 3 es menos que 6.

Nombre _____ Fecha _____

Dibuja una torre con más cubos.

_____ es más que _____.

Dibuja una torre con menos cubos.

_____ es más que _____.

_____ es menos que _____.

Dibuja un tren con más cubos.

_____ es más que _____.

_____ es menos que _____.

En la parte de atrás de la hoja, dibuja una torre. Dibuja otra torre que tenga más cubos.

_____ es más que _____. _____ es menos que _____.

EUREKA MATH®
EDICIÓN PARA TEKS

© Great Minds PBC
Edición para TEKS | greatminds.org/Texas

Visualiza los números en el conjunto A y el conjunto B. Escribe los números en las oraciones.

6

Conjunto A

3

Conjunto B

___6___ es más que ___3___.

___3___ es menos que ___6___.

Puedo ver el 6 en mi mente. 6 es más que la cantidad de dedos en 1 mano. 3 es menos que la cantidad de dedos en 1 mano. 6 es más que 3.

EUREKA MATH
EDICIÓN PARA TEKS

Lección 27: Visualizar cantidades para comparar dos numerales.

109

© Great Minds PBC
Edición para TEKS | greatminds.org/Texas

Nombre _____ Fecha _____

Visualiza los números en el conjunto A y el conjunto B. Escribe los números en las oraciones.

7	4
Conjunto A	Conjunto B

_____ es más que _____.

_____ es menos que _____.

9	10
Conjunto A	Conjunto B

_____ es más que _____.

_____ es menos que _____.

8

Conjunto A

6

Conjunto B

_____ es más que _____.

_____ es menos que _____.

4

Conjunto A

5

Conjunto B

_____ es más que _____.

_____ es menos que _____.

Pídele a un familiar que te diga 2 números. Escribe los números en la parte de atrás de la hoja y encierra en un círculo el número que es más que el otro.

Créditos

Great Minds® has made every effort to obtain permission for the reprinting of all copyrighted material. If any owner of copyrighted material is not acknowledged herein, please contact Great Minds for proper acknowledgment in all future editions and reprints of this module.